文明遗迹

少年科学家通识丛书

《少年科学家通识丛书》编委会 编

中国大百科全书出版社

图书在版编目（CIP）数据

文明遗迹 /《少年科学家通识丛书》编委会编 .—北京：中国大百科全书出版社，2023.7

（少年科学家通识丛书）

ISBN 978-7-5202-1374-5

I. ①文… II. ①少… III. ①建筑史—世界—少年读物 IV. ① TU-091

中国国家版本馆 CIP 数据核字（2023）第 126405 号

出 版 人：刘祚臣
责任编辑：黄佳辉
封面设计：魏　魏
责任印制：邹景峰
出版发行：中国大百科全书出版社
地　　址：北京市西城区阜成门北大街 17 号
网　　址：http://www.ecph.com.cn
电　　话：010-88390718
图文制作：北京杰瑞腾达科技发展有限公司
印　　刷：小森印刷（北京）有限公司
字　　数：76 千字
印　　张：8.25
开　　本：710 毫米 ×1000 毫米　1/16
版　　次：2023 年 7 月第 1 版
印　　次：2023 年 7 月第 1 次印刷
书　　号：978-7-5202-1374-5
定　　价：28.00 元

我们为什么要学科学

世界日新月异，科学从未停下发展的脚步。智能手机、新能源汽车、人工智能机器人……新事物层出不穷。科学既是探索未知世界的一个窗口，又是一种理性的思维方式。

为什么要学习科学？它能为青少年的成长带来哪些好处呢？

首先，学习科学可以让青少年获得认知世界的能力。其次，学习科学可以让青少年掌握解决问题的方法。第三，学习科学可以提升青少年的辩证思维能力。第四，学习科学可以让青少年保持好奇心。

中华民族处在伟大复兴的关键时期，恰逢世界处于百年未有之大变局。少年强则国强。加强青少年科学教育，是对未来最好的投资。《少年科学家通识丛书》是一套基于《中国大百科全书》编写的原创青少年科学教育读物。丛书内容涵盖科技史、天文、地理、生物等领域，与学习、生活密切相关，将科学方法、科学思想和科学精神融会于基础科学知识之中，旨在为青少年打开科学之窗，帮助青少年拓展眼界、开阔思维，提升他们的科学素养和探索精神。

《少年科学家通识丛书》编委会

2023年6月

目录

第五章　拜占廷建筑

第六章　罗曼建筑

第七章　哥特式建筑

第八章　俄罗斯建筑

第九章　文艺复兴建筑

第十章　古典主义建筑

第十一章　古代印度建筑

第一章 中国古代建筑

中国古代建筑

在世界建筑体系中，中国古代建筑是源远流长的独立发展的体系。这种建筑体系至迟在3000多年前的商殷时期就已经初步形成，根据自身条件逐步发展起来。直至20世纪初，始终保持着自己的结构和布局原则，而且传播、影响到邻近国家。

中国的建筑自古以来就以其风格优雅和结构灵巧而受到称颂。许多文学家曾写出如《鲁灵光殿赋》《景福殿赋》等赞美建筑的诗文词赋。许多画家（如宋代郭忠恕、王士元）创造出专画“屋木”的画派。现存宋代画家张择端所绘《清明

《金明池争标图》

上河图》《金明池争标图》，细致地描绘了当时的建筑风貌，使人仍能借此感受到古代建筑的艺术魅力。《金明池争标图》

中国研究古代建筑始于 20 世纪 30 年代，早期的研究侧重于具体建筑的调查测绘及对专名术语的理解认识，使文字记载与实物能对应。凡此均属基础工作和基本资料的搜集整理工作。后来，才开始对中国古代建筑的艺术和技术成就作较深入的分析研究。中国古代建筑史大致可分为原始社会、商周、秦汉、三国两晋南北朝、隋唐五代、宋辽金元、明清几个时期。

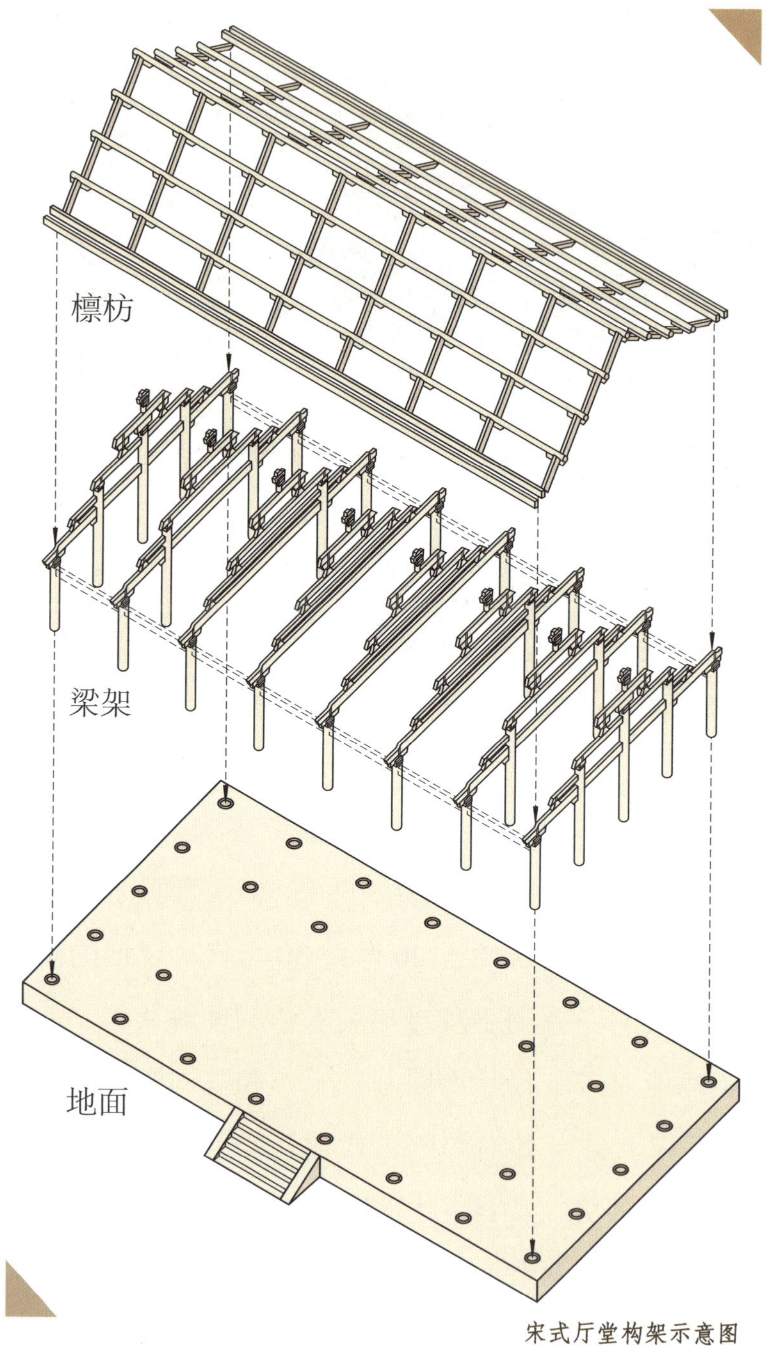

宋式厅堂构架示意图

故宫

中国现存规模最大、保存最完好的古建筑群。位于明清北京城内中部，自明永乐十九年（1421）至清末（1911），明清两朝皇宫。古代皇宫是禁地，又有紫微垣为天帝所居的神话，故称宫城为紫禁城。1925年在此建故宫博物院后，通称故宫。

紫禁城所在位置是元大都宫殿的前部。明太祖时拆毁元宫。明成祖朱棣于永乐四年（1406）决定筹建北京宫殿。永乐五年开始征调工匠预制构件，永乐十五年正式开工，十八年建成宫殿、

明成祖朱棣像

坛庙，十九年自南京迁都北京。正式开工后，工程由蒯祥主持。

紫禁城采取严格对称的院落式布局，按使用功能分区，依用途和重要程度有等差、有节奏地安排建筑群的体量和空间形式，代表了中国古代建筑组群布局的最高水平。

故宫的总体设计多比附古制，如在午门前建端门、天安门、大明门（中华门，已拆除），使太和殿前有五重门以象征“五门”之制，以前三殿象征“三朝”之制等。《清宫史续编》又称内廷部分的乾清、坤宁二宫象征天地，以乾清宫东西庑日精门、月华门象征日月，以东西六宫象征十二辰，以乾东、西五所象征天干等。可见宫殿建筑，除具体的使用功能外，更重要的是以建筑形象表现封建皇权的至高无上的地位。

在建筑群组布置上，紫禁城强调中轴线，在中轴线上布

太和殿

置外朝、内廷最主要的建筑前三殿和后三宫。其余东西六宫、乾东西五所对称布置在左右，拱卫中轴线上建筑。同时，也利用院落的大小、殿庭的广狭来区分主次。前三殿是全宫最大建筑群，占地面积为宫城的12%，后三宫面积为前三殿的1/4。其余宫殿，包括太上皇、皇太后的宫殿，又小于后三宫，以突出前三殿、后三宫的主要地位。

在建筑形体上，主要是通过间数多少和屋顶形式来区分主次，间数以十一间为最，屋顶等级依次为庑殿、歇山、悬山、硬山，最重要者加重檐。宫中最重要的正门午门、正殿太和殿及乾清宫、坤宁宫等都用重檐庑殿顶，间数为十一间或九间，属最高等级，其他群组依次递降。同一群组中，配殿、殿门比正殿降一等。

通过这些手法，把宫中大量的院落组成一个轴线突出、主从分明、统一和谐的整体，把君臣、父子、夫妇等封建伦常关系，通过建筑空间形象体现出来。而大小规模不同的院落和建筑外形的差异又造成多种多样的空间形式，使在总体的统一和谐中又富于变化。紫禁城宫殿是最能体现中国古代建筑中院落式布局的特点和艺术表现力的例子。

开封城

中国五代的后梁、后晋、后汉、后周四朝的都城。正式名称为“东京开封府”，又称汴京。北宋相沿。

春秋时郑庄公命郑邴在此筑城，名开封，取开拓封疆之意。战国时魏国在此建都，名大梁，简称梁；因城跨汴河，唐时称汴州；后世合称汴梁。开封位于黄河中游平原，处在隋代大运河的中枢地区，黄河、汴河、蔡河、五丈河均可行船，水陆交通甚为便利。

后周开封规划

隋唐以来，开封即为商业、手工业和交通运输的中心，五代时又在此建都，城市原有基础已不能适应社会经济发展的需要。后周显德二年（955），世宗柴荣下诏扩建和改建开封。诏书言及当时开封存在的城市问题，如用地不足、道路

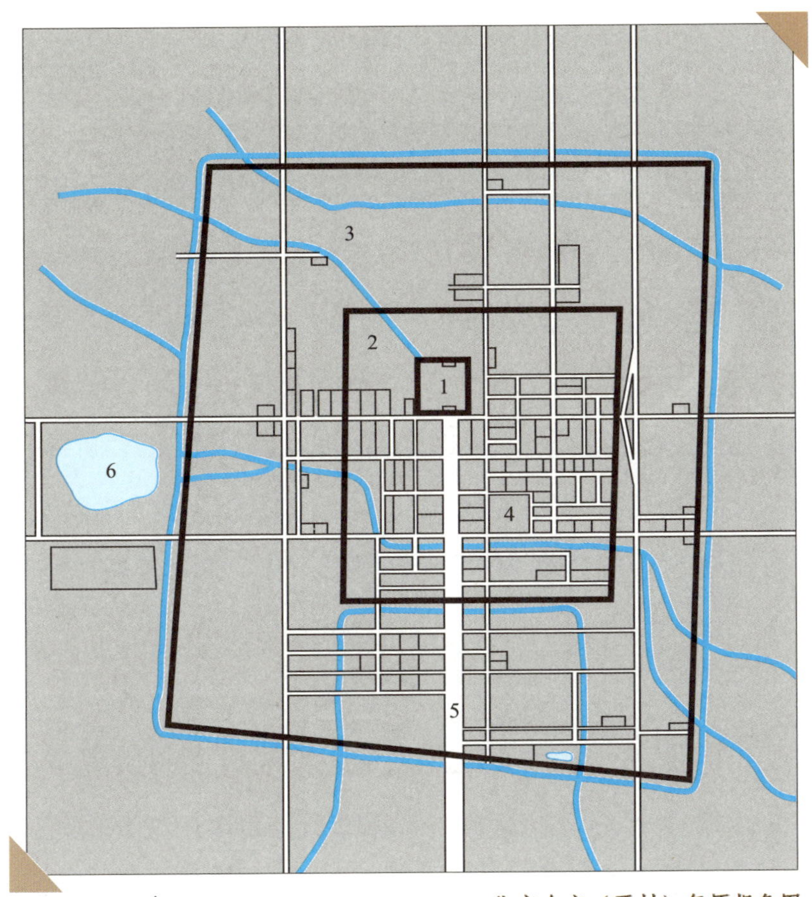

北宋东京（开封）复原想象图
1 宫城 2 内城 3 罗城 4 大相国寺 5 御街 6 金明池

狭窄、排水不畅等。提出了扩建、改建的要求：扩大城市用地，加筑罗城（外城）；展宽道路，疏浚河道；规定有烟尘污染的“草市”等必须迁往城外等。诏书还制定了实施步骤：先行勘测；由官府统一规划；定好街巷和军营、仓场、诸司公廨院的位置后，才“任百姓营造”。依据诏书，开封进行了有计划的扩建和改建，为后来北宋的建设奠定了基础。

三重城墙的都城模式

自后周开始扩建以后，开封即有三重城墙：罗城、内城、宫城。每重城墙外都环有护城河。罗城主要作防御之用，周长 19 千米。西、南城各有五门，东、北各四门，均包括水门。城门皆设瓮城，上建城楼和敌楼。内城又称旧城，周长 9 千米，四面各三门，主要布置衙署、寺观、府第、民居、商店、作坊等。宫城又称“大内”，南面有三门，其余面各有一门；四角建角楼；城中建宫殿，为皇室所居。这种宫城居中的三重城墙的格局，基本上为金、元、明、清的都城所沿袭。

街巷制

北宋时期商业和手工业的发展，使当时开封出现了“工商外至，络绎无穷”的局面。隋唐长安城集中设市和封闭式

里坊已不能适应新的社会经济形势，因而开封改变了用围墙包绕里坊和市场的旧制，将内城划分为8厢121坊，外城划分为9厢14坊。道路系统呈井字形方格网，街巷间距较密。住宅、店铺、作坊均临街混杂而建。繁华的商业区位于可通漕运的城东南区，通往辽、金的城东北区和通往洛阳的城西区。如宋代张择端《清明上河图》中所反映的，主要街道人烟稠密，屋舍鳞次，有不少2～3层的酒楼、店肆等建筑。中国古代城市的街巷制布局，大体自北宋开始而沿袭下来。开封城内河道、桥梁较多，主要有州桥、虹桥，均跨汴河。州桥正对御街和大内，两旁楼观耸立。虹桥在东水门外，势若飞虹。相国寺、樊楼、铁塔、繁塔、延庆观、金明池、艮岳等建筑和御苑，构成丰富的城市景观。北宋开封城的规划和建设，反映了封建社会商品经济的发展，在中国古代都城规划史上起着承前启后的作用。

《清明上河图》

第二章 古埃及建筑

古埃及建筑

埃及是世界文明古国，营造了人类最早的巨型纪念性建筑物。埃及人用庞大的规模、简洁稳定的几何形体、明确的对称轴线和纵深的空间布局来达到雄伟、庄严、神秘的效果。

埃及古代建筑史有三个主要时期：

古王国时期（约公元前27～前22世纪）主要建筑是举世闻名的金字塔。

中王国时期（约公元前22～前16世纪）建筑以石窟陵墓为代表。上埃及首都底比斯所在地区峡谷深窄，悬崖峻峭，法老（国王）陵墓多为在山岩上开凿的石窟。这时已采用梁柱结构，能建造比较宽敞的内部空间。建于公元前2000年前后的曼都赫特普三世墓是石窟陵墓的典型实例。进入墓区大门，经过一条长约200米、两侧立有狮身人面像的石板路，到达大广场。沿坡道登上平台，台中央有小金字塔，台座三面有柱廊。后面为一院落，四周环绕柱廊。向后进入有80根柱子的大厅，再进入凿在山岩里的小神堂。陵墓与山崖对比强烈，互相映衬，构成雄伟壮丽的统一整体。整个建筑群沿纵轴线布置，严整对称。

新王国时期（约公元前16～前11世纪）是古代埃及的鼎盛时期。阿蒙神（太阳神）为主神，法老被视为阿蒙

阿蒙神庙南围墙外的通道

神的化身。神庙取代陵墓，成为这一时期最重要的建筑。神庙形制大致相同。除大门外，有三个主要部分：周围有柱廊的内庭院，接受臣民朝拜的大柱厅和只许法老和僧侣进入的神堂密室。大门前为举行群众性宗教仪式的地方。典型的牌楼门是两堵梯形实墙夹着中央门道，轮廓简单、稳重。大片墙面上镌刻着轮廓鲜明的浅浮雕，饰以色彩。大门前常有一两对方尖碑或法老雕像。规模最大的是卡纳克和卢克索的阿蒙神庙。

百柱厅

卡纳克阿蒙神庙占地约30万平方米，其百柱厅最负盛名，始建于拉美西斯一世，至其孙拉美西斯二世时期完成，面积约5000平方米。厅内竖立高大石柱134根，中央两排共12根，每根高达21米，直径3.57米，其余122根各高15米。厅顶部已残，只保留有狭窄的天窗。大厅使用时期，柱间曾放置众多神像和法老的巨像，光线由天窗射入，在密集的柱群和巨像间形成奇特的光影效果，烘托出神秘气氛，是建筑史上的杰作。

金字塔

一种方锥形建筑物。用砖、石材料建造，或表面覆以砖、石。历史上，很多地方都曾建有金字塔，其中以埃及和中、南美洲的金字塔最为著名。埃及金字塔的底部为矩形，四面为等腰三角形。因其侧影似中国汉字“金”字，故汉语称为金字塔，并以此来命名其他类似埃及金字塔的方锥形建筑物，如美洲四面为梯形、顶部为平台的建筑。在西方则沿用希腊语的“庇拉密斯”（原意为高）称之。

古埃及的金字塔是国王的陵墓，流行于公元前 2650 ～前 1550 年，即古王国至中王国时期。埃及至今留存下来的金字塔约有 90 座。它们设计精密，工程浩大，反映了古代埃及发达的科学技术和高超的建筑才能，是世界闻名的古迹。

古埃及人崇奉人死后要妥善保存遗体，使灵魂有所寄托的宗教信仰，因而极为重视墓葬的牢固程度。在金字塔出现之前，王公贵族的墓葬是马斯塔巴墓。这种墓的墓穴位于地下，地上以砖、石砌筑长条平台式墓室。古王国时，国王的陵墓由马斯塔巴发展为更为坚固的金字塔。金字塔多用石料砌筑，塔内辟墓室，塔前有祭庙、通道、船壕、围墙等附属建筑，围绕金字塔还有后妃、王子及大臣的坟墓，组成规模宏大的墓地。埃及最早的金字塔是第3王朝国王左塞在萨卡拉墓地建筑的阶梯金字塔。此金字塔有6层阶梯，实为按马斯塔巴墓形式自下而上逐层缩小而成。高约60米，底边东西长约140米、南北长118米。塔内建深约28米的墓室，并附有走廊和墓道。塔周有高10.4米、东西长277米、南北长545米的石灰石围墙。墙内有庭院、祭殿、厅堂。到第4王朝，斯奈夫鲁在迈杜姆把第3王朝末代王胡尼的阶梯金字塔用石块填补，形成底部方形、立面三角形的金字塔，高92米，底边各长144米。后又在代赫舒尔为自己建立一座高101米、底边各长189米的金字塔。这座金字塔先以54°31′的倾斜角修建，

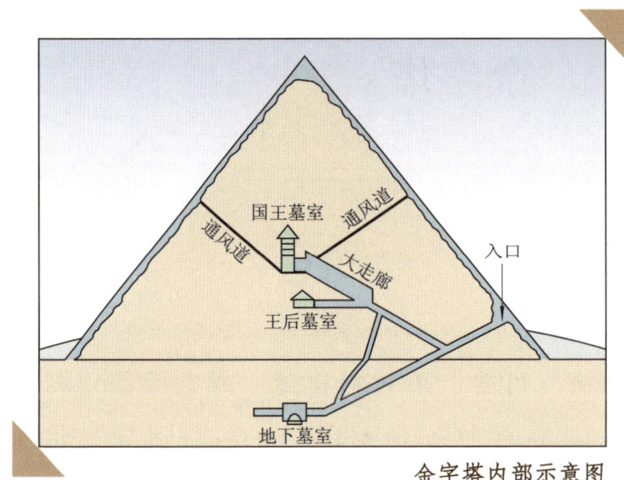

金字塔内部示意图

在接近塔身一半时改为43°21′，形成下陡上缓的所谓“弯曲金字塔”。

古埃及最著名的金字塔是胡夫、哈夫拉和门卡乌拉在开罗附近的吉萨修建的三座庞大金字塔，其中尤以胡夫的最为著名。胡夫金字塔又称大金字塔，原高146米（现高137米），塔基每边长230米（现长227米），用大约230万块平均重2.5吨的石材砌成。大金字塔以其形体庞大，设计科学，内部构造复杂而令人惊叹，在古希腊时即被称列入世界七大奇观。哈夫拉金字塔高143.5米，底边各长215.5米，以宏伟壮观的附属建筑物见长。塔东侧有一平面长方形的祭庙，通常称为上庙。庙的大门内有圆柱宽厅和长厅，庭院中设有祭坛，庭院后面是国王的5个小礼拜堂，内各有1座哈夫拉的雕像，最后是神殿和库房。靠近尼罗河谷处建有下庙，平面呈方形，规模略小于上庙，内置23座国王雕像，入口处还有一座闪绿岩雕像。上庙和下庙间有长约496米的通道，著名的狮身人面像即位于下庙的西北方。门卡乌拉金字塔较小，高66.5米，底边各长108.5米。在这几座大金字塔附近还有一些王妃的小金字塔。

经过第6王朝以后和整个第一中间期的衰落，金字塔的构建在中王国时代，随着埃及的再次统一，重又兴起。第11王朝第7王门图霍特普在底比斯西面的代尔拜赫里建成金字塔与祭殿和岩窟墓相结合的建筑群。第11、12王朝的金字塔

吉萨三大金字塔

都是用砖砌成的。目前尚未发现第 14 ～ 16 王朝的金字塔。第 17 王朝的国王在底比斯再一次用砖建筑了金字塔。此后在埃及，金字塔建筑即被岩窟墓所代替。

绝大多数金字塔内原保存的国王木乃伊因被盗掘而早已不存。在金字塔及其附属建筑物中，放置有主宰阴间的奥西里斯神像及国王的雕像，但多已毁损。保存较好的哈夫拉法老像雕刻精美，神态庄重逼真，反映了古埃及雕刻的高度水平。储藏室里则有随葬的器皿、食品等。1954 年，在胡夫金字塔的船壕中发现两只木船，长 32.5 米，宽 3 米，构件均按标号依次捆束存放，复原后的木船表明，当时的造船技术水平很高。这种木船与安葬仪式和阴间观念有关，具有宗教意义。后来还在金字塔附近发现营建金字塔的工匠的住宅和墓地。从第5王朝起，在国王和贵族陵墓的墙上通常有描绘人们生产、生活场面的浮雕。在第5王朝末代王乌纳斯的金字塔中开始出现祝福国王的金字塔文，一般刻在墓壁上。古埃及王国首都孟菲斯及其墓地金字塔已于1979年作为文化遗产被列入《世界遗产名录》。

在美洲的金字塔中，最著名的有墨西哥中部的特奥蒂瓦坎古城的太阳金字塔和月亮金字塔，奇琴伊察古城的卡斯蒂略金字塔，以及在安第斯人居留地中的各种印加人和奇穆人的建筑物。美洲金字塔一般用土建造，表面砌石，并以呈阶梯形、顶部为平台或神庙建筑为特征。太阳金字塔的底部面积为220米×230米，高66米。

第三章

古希腊建筑

古希腊建筑

公元前 8 ～前 1 世纪，直到希腊被罗马兼并为止的建筑。

古代希腊是欧洲文化的发源地，古希腊建筑开欧洲建筑发展之先河。按照历史发展的顺序，古希腊建筑的发展大约可分为三个阶段。

古风时期

公元前 7 ～前 5 世纪，这时期留存下来的建筑遗迹，基本上都是石构。但有充分的证据表明，早期曾广泛使用木材。到公元前 8 世纪左右，主要建筑已采用石料。限于材料性能，石梁跨度一般为 4 ～ 5 米，最大不超过 7 ～ 8 米。从这时开始，希腊建筑逐步形成相对稳定的形式。到公元前 6 世纪，逐渐发展出一套系统做法，称为“柱式”。柱式体系的创造是古希腊人在建筑艺术上的一项重要贡献。

古典时期

公元前 5 ～前 4 世纪，是古希腊繁荣兴盛时期，创造了很多建筑珍品，主要建筑类型有卫城、神庙、露天剧场、柱廊、广场等。柱式构图在这时期达到了完美的境界，不仅在一座建筑群中同时存在两种柱式的建筑物，就是在同一单体建筑中也往往运用两种柱式。雅典卫城建筑群和卫城上的帕提农神庙是古典时期最著名的建筑实例。

古典时期还出现了一种据说是在伯罗奔尼撒半岛的科林斯形成的新柱式——科林斯柱式，其柱头花饰更趋华美富丽。这种形式到古罗马时代进一步流行。

希腊化时期

公元前 4 世纪后期至前 1 世纪。马其顿王亚历山大大帝的远征，把希腊文化传播到西亚和北非，史称希腊化时期，为古希腊历史后期。其时，在这片广阔的土地上，出现了不少新的城镇，城市建筑群有了进一步的发展；原有的建筑类型已不能满足人们的需求，很多都被改造，同时产生了一批新的构图手法，风格也越来越华丽。在希腊建筑风格向东方扩展的同时，它本身也受到各地原有建筑风格的影响，形成了不同的地方特点。这时期希腊建筑的影响远达中国，大同云冈石窟里就可以看到许多古希腊建筑的形象。

古希腊建筑中所表现出来的人文精神是古代其他地区的建筑所少有的。在这里，建筑并不靠巨大的体量来宣扬权势和威严，使人畏惧；也不靠离奇的造型来宣扬神秘和恐怖，而是以美的纯净形象和高超的艺术效果使人感动。神像雕刻代表了理想的人体形象，柱式造型也参照人的体量尺寸确立。著名的多立克柱式和爱奥尼柱式，据说就是将男女人体的形象特征加以抽象概括而得。

城市中的各类设施同样体现了这种“以人为本”的精神。城市中的广场是公共客厅，广场旁边的柱廊是供人们在下雨时临时躲避的场所。广场和柱廊还可供市民交往甚至讲演。露天剧场之类的大型活动场地，也反映了古希腊社会对于公众需求的关注。

古希腊建筑由于采用简单的梁柱体系，建筑本身体量不大，形式变化亦少，内部空间更是简单封闭，但在群体的总体设计上却处处考虑到给人们创造观赏的条件。建筑群采用灵活的组合，强调人在建筑群中行进的感受。

古希腊建筑中表现出来的理性精神，对于后世，特别是对于欧洲文艺复兴运动产生了重大的影响。这种理性精神不仅表现在建筑总体和主要部件乃至细部的关系上都严格遵循几何和数学的比例，同时也表现在建筑的艺术处理上。所有造型都遵循一定的结构逻辑。

希腊人以雕刻艺术的手法来处理建筑。采用上好的大理石，细部制作精细明确，墙体石块平直齐整，细部艺术效果上达到了甚至某些后世建筑也难以企及的高度。

古希腊建筑长期以来被认为具有范本的性质，后世的建筑师，特别是欧洲建筑师，一直从希腊建筑那里汲取营养。它是人类早期文明的灿烂之花。

古希腊早期的城市如雅典等，是在雅典卫城周围形成的。一些商业发达的城市如科林斯等，则把广场置于城市中心，卫城在城市的一侧。公元前5世纪，古希腊的很多

埃皮扎夫罗斯剧场遗址

城市，如小亚细亚的米利都城、普南城等，广场置于城市中心，城市街道多呈方格状，住宅沿街建造，都是按规划建设的。

广场是城市中的活动中心，又是露天市场和会场，附近有神庙、商店、会议厅、学校、露天剧场、运动场、敞廊等。敞廊可供休息、避雨、贸易和集会，同时也把一些单体建筑联系起来。古代希腊的广场，一般不追求轴线对称，其形状甚至是不规则的，但比较实用。

雅典卫城

公元前5世纪的希腊雅典建筑群。在古希腊，卫城具有神圣的地位，不仅是举行祭祀大典的宗教圣地，也是最重要的公共活动中心和国家的象征。雅典是古希腊的政治文化中心，雅典卫城更是卫城中的佼佼者。卫城位于今市中心偏南的一座小山上，高出平地70～80米。山顶台地东西长约280米，南北宽 130 米左右，四周陡峭，仅西端有台阶可以登临。四年一次祀奉城市守护神——雅典娜的节庆大典就在这里进行。祭祀队伍从山下的西北方出发，从西南面登上卫城。辉煌的建筑和精美的雕刻依次成为人们观览和注目的中心。

山门为卫城主要入口，由中央主体部分和两个布局均衡而不对称的侧翼组成，正面向西，采用多立克柱式。

胜利神庙为一个不大的爱奥尼柱式神庙，位于山门南翼之前。帕提农神庙是祀奉雅典娜的卫城主体建筑。位于卫城最高处，这个形体单一的围廊式神庙是希腊多立克柱式建筑最重要的代表作。伊瑞克提翁神庙位于帕提农神庙北面，为一个体量不大的爱奥尼柱式神殿。平面采取不对称的布局形式，立面由三个大小不一的爱奥尼柱廊、一个女像柱廊和部分实墙构成。

在帕提农神庙和伊瑞克提翁神庙之间，尚有早期雅典娜神庙残存下来的部分基础。在它之前，曾立有作为建筑群构图中心、高 11 米的雅典娜青铜雕像。

雅典卫城历经 2000 多年的战乱灾变，现存的主要建筑均完成于希腊古典盛期，建筑总设计师为著名雕刻家菲迪亚斯。作为希腊历史上最值得骄傲的时代纪念碑，卫城建筑从总体布局到个体造型，无不反映出这个时代的特色。

根据地形特点采取自由灵活的布局形式，是卫城建筑的突出特点。主要建筑沿周边布置，使献祭队伍在山下行进时能欣赏到它们的优美轮廓。主体建筑帕提农神庙没有和山门在一条轴线上，而是位于一边，因为那里地势最高，同时也是从山门欣赏它的最佳透视角度。位于倾斜地段上的山门，屋顶和地面都采取了错台的形式，但由于把通路做成坡道，人们几乎觉察不到错台的存在。伊瑞克提翁神庙东西两面地势有一定的高差，为保持立面柱廊比例的一致，西面大胆采用了基台，把入口移向北部。

柱式的造型和比例是古典希腊造型艺术的重要组成部分。卫城是根据不同对象和情况使用不同柱式的典范。主体建筑帕提农神庙采用了构造简洁、比例粗壮的多立克柱式，表现出宏伟和力量；在一边作为陪衬的伊瑞克提翁神庙则采用了细部华美、比例轻快的爱奥尼柱式，风格亲切活泼。包括各

雅典卫城远眺

种视觉矫正在内的对艺术的尽善至美的追求，是卫城建筑在几千年后仍能给予人们极致美的体验的重要原因。

尺度的合理运用是卫城建筑的另一特色。帕提农神庙柱高 10 米多，使人感到雄伟、开朗，尺度分寸的恰当把握反映了雅典鼎盛时代的爱国热情和民主共和制度的理想。卫城建筑的雕刻堪称希腊古典雕刻艺术珍品。帕提农神庙的山墙雕刻、檐壁浮雕，伊瑞克提翁神庙的女像柱，皆为同类作品中最优秀的代表。

第四章 古罗马建筑

古罗马建筑

极盛于公元1～3世纪，分布于古罗马帝国整个领域的建筑物。古罗马人沿用亚平宁半岛上伊特鲁里亚人的建筑技术（主要是拱券技术），继承古希腊建筑成就，在建筑形制、技术和艺术方面广泛创新，达到西方古代建筑的最高峰。

古罗马建筑的类型很多。有宗教建筑、皇宫、凯旋门、剧场、角斗场（罗马竞技场）、浴场、广场和巴西利卡（长方形会堂）等公共建筑和住宅。

古罗马世俗建筑的形制相当成熟。例如，罗马帝国各地的大型剧场，观众席平面呈半圆形，逐排升起，以纵过道为主、横过道为辅。观众按票号从不同的入口、楼梯，到达各区座位。人流不交叉，聚散方便。舞台高起，前有乐池，后面是化妆楼，化妆楼的立面便是舞台的背景，两端向前凸出，形成台口的雏形，已与现代大型演出性建筑物的基本形制相似。居住建筑有内庭式住宅、内庭式与围柱式院相结合的住宅，还有四、五层公寓式住宅。公寓常用标准单元，一些公寓底层设商店，形制同现代公寓大体相似。

古罗马建筑依靠水平很高的拱券结构，获得宽阔的内部空间。巴拉丁山上的弗拉维王朝宫殿主厅的筒形拱，跨度达 29.3 米。罗马万神庙穹顶的直径是 43.3 米。公元 1 世纪中叶，出现了十字拱，它覆盖方形的建筑空间，把拱顶的重量分散到四角的墩子上，无需连续的承重墙，空间因此更为开敞。几个十字拱同筒形拱、穹隆组合起来，能覆盖宽阔的内部空间。罗马帝国的皇家浴场就是这种组合的代表作。剧场和竞技

罗马城提图斯凯旋门（公元 82 年建）

场的庞大观众席，也架在复杂的拱券体系上。

拱券结构得到推广，是因为使用了强度高、施工方便、价格便宜的火山灰混凝土。约在公元前 2 世纪，这种混凝土成为独立的建筑材料，到公元前 1 世纪，几乎完全代替石材，用于建筑拱券，也用于筑墙。

木结构技术已有相当水平，能够区别桁架的拉杆和压杆。罗马城图拉真巴西利卡，木桁架的跨度达到 25 米。

公共浴场一般都有集中供暖设施。从火房出来的热烟和热气流，经敷设于各大厅地板下、墙皮内和拱顶里的陶管，散发热量。

古罗马建筑开拓了新的建筑艺术领域，丰富了建筑艺术手法。其中比较重要的是：①新创了拱券覆盖下的内部空间。有庄严的万神庙的单一空间，有层次多、变化大的皇家浴场的序列式组合空间，还有巴西利卡的单向纵深空间。有些建筑物内部空间艺术处理的重要性超过了外部体形。②发展了古希腊柱式的构图，使之更有适应性。最有意义的是创造出柱式同拱券的组合，如券柱式和连续券，既作结构，又作装饰。③出现了由各种弧线组成平面、拱券结构、内部空间流动多变的集中式建筑物。

罗马万神庙

古罗马供奉众神的庙宇。位于罗马古城中心。初建于公元前27年，120～125年重建，是古罗马建筑的代表作之一。

罗马万神庙内景（绘画）

万神庙因供奉罗马司掌天地诸神而有“潘提翁”（万神）之称。其门廊面阔33米，16根石柱前后分3行排列，正面为8柱式结构，柱身为深红色花岗石。万神庙平面为圆形，上覆穹顶，基础、墙和穹顶都用火山灰水泥制成的混凝土浇筑。这个古代世界最大的穹顶建筑的高度与直径均为43.3米，墙面无窗，靠顶部正中有一直径为8.9米的圆洞采光。殿内墙体内沿设8个拱券，其中7个下面是壁龛，1个是大门。大门两侧壁龛内原置奥古斯都像和他主管建筑的助手阿格里巴像。半球顶和柱廊顶原来覆盖有镀金铜瓦，663年被拜占廷皇帝掠走，735年覆以铅瓦。柱廊的铜制天花于17世纪上半叶也被拆走。万神庙早期建筑的主体一直保存至今。这座建筑体现了古典建筑和谐、稳定和庄严的特征。1980年，罗马历史中心区作为文化遗产被列入《世界遗产名录》，万神庙是其中一部分。

罗马凯旋门

意大利罗马城内古罗马帝国时期的纪念性建筑物。现存

君士坦丁凯旋门

提图斯凯旋门、塞维鲁凯旋门和君士坦丁凯旋门3座，均位于罗马历史中心区古代市场旁和竞技场附近。

提图斯凯旋门是罗马现存最早的凯旋门，系公元81年提图斯皇帝驾崩后元老院为纪念他的功绩而建造。为单拱门石建筑，高14.4米、宽13.4米、厚4.8米。门分为上、中、下3段，其中下段为台基。门洞前后两侧各有两对壁柱，拱门上方中部有铭文。门道内两壁各有一幅浮雕，一幅是提图斯皇帝站在凯旋的马车上，另一幅是列队的俘虏。塞维鲁凯旋门建于203年，是为纪念塞维鲁皇帝及其两个儿子所建。有3个拱门，中间的门洞高大，结构和装饰相对复杂。君士坦丁凯旋门年代最晚，是罗马最大的凯旋门，元老院为纪念君士坦丁大帝 312 年在密尔维桥上战胜尼禄暴君而修建。建门石材大多取自当时的其他凯旋门，门高 20.6 米、宽 25 米，保存相当完好。有 3 个门洞，中间门洞高大，雕刻精致，形象轻巧。门前后两面各有两对壁柱，柱身有竖棱，上有科林斯式大叶纹柱头。圆雕和浮雕众多，大多是战争场面，上部有长篇铭文。

1980 年，罗马历史中心区作为文化遗产被列入《世界遗产名录》，罗马凯旋门是其中的一部分。它的建造与罗马帝国的战争历史有直接联系，所代表的独特艺术成就对当时罗马帝国及其以后的建筑艺术、纪念物艺术和景观设计的发展产生过重大影响，19 世纪法国巴黎建造的星形广场凯旋门就是仿照这些凯旋门建造的。

罗马竞技场

古罗马建筑遗迹。又称罗马大角斗场、罗马大斗兽场、

弗拉维大斗兽场。位于意大利罗马。始建于1世纪的弗拉维王朝，3世纪和5世纪重修。在这之前，斗兽场差不多都是在山麓处开挖后圈围而成，而罗马竞技场则是在平地上用石料和混凝土类的材料建成。

罗马竞技场鸟瞰

竞技场平面为椭圆形，长径 188 米、短径 156 米、外墙高 48.5 米。用浅黄色巨石砌成，分 4 层，下面 3 层砌成拱门样式，外围共有 80 个拱门。4 个大门正对长径、短径处，由此通向各层回廊和看台。最上层是贵宾席，皇帝席位居中央，次为元老院和皇帝家属的席位。全场可容纳 9 万观众。场内中心是平面为椭圆形的竞技表演场，长约 86 米、宽约 63 米。场内铺有木地板，下有 80 多间地下室，供乐队存放道具和关闭猛兽。表演场除用于竞技外，还用于阅兵、赛马、歌舞表

罗马竞技场中心舞台下的地下室

演、角斗和斗兽。在中世纪，竞技场曾遭受雷击和地震损毁。现在，竞技场的高大围墙已残缺不全，表演场也已残破，但看台保存得较好。

1980 年，罗马历史中心区作为文化遗产被列入《世界遗产名录》，罗马竞技场是其中一部分。竞技场的建筑对两千年来全世界体育场馆建筑的发展有重大影响，它首创的格局至今仍在使用。它也是已经消失的罗马帝国文明的特殊见证，与发生在罗马古城的许多重大历史事件有直接联系，已成为古罗马生活和当今罗马城的标志。

庞贝城

位于意大利坎帕尼亚的古城。地处维苏威火山东南麓，西北距那不勒斯市 23 千米。公元前 310 年始见于历史记载，原系希腊人的移民地，前 80 年被罗马征服后，开始罗马化。公元 79 年 8 月 24 日维苏威火山大爆发，与邻近的赫库兰尼姆、斯塔比伊同遭厄运，顷刻间被埋于厚6～7米的火山喷发物之下。那时，庞贝城有人口2.5万，是手工业和商业发达的海港，又是贵族和富人的避暑地。古城废墟于16世纪末被发现，1748年开始发掘，此后时断时续，到20世纪末，已约有3/4重见天日。

古城建在史前的熔岩台地上，呈椭圆形，东西长约1200米，南北宽约700米，城墙周长约3000米。有城门8座。纵横4条大街，呈“井”字形，将全城分为9个地块。城西南的长方形中心广场为全城宗教、经济和市政活动中心，向东有神庙、神殿、大会堂、大市场等公共建筑，三角广场是多立斯神庙所在地。城东南的圆形露天竞技场长122米、宽38米，可容纳5000观众。纵轴指向维苏威火山主峰。北端立朱

庞贝城遗址

比特庙，其余为数以百计的民宅以及公共澡堂、剧场、手工作坊、商店等，还有各种工具和雕刻、壁画等文物，均保存完好。住宅的典型形制为前部罗马式明堂，后部希腊式围柱院落，许多宅内有大理石柱廊、镶嵌地面、精制家具等。砖石砌成的引水渡槽和贵族富人庭园中的喷泉、水池，表明当时已有城市供水系统。主要街道两侧有人行道，近十字路口处，街面上设一列步石，使车辆降低速度，便于行人过街。古城遗址再现了古罗马时代的社会生活情景，成为意大利重要的旅游考古胜地。

第五章 拜占廷建筑

拜占廷建筑

拜占廷帝国存在于 330～1453 年，5～6 世纪时处于极盛时期，其版图一度包括巴尔干半岛、叙利亚、巴勒斯坦、小亚细亚、北非，以及意大利半岛和西西里。拜占廷建筑在这个时期继承东方建筑传统，改

圣索菲亚大教堂剖面图

造和发展了古罗马建筑中某些要素而形成独特的风格，对东西方许多国家，特别是东正教国家的建筑有很大影响。罗曼建筑、塞尔维亚建筑、俄罗斯建筑都同它有密切关系。

君士坦丁堡的圣索菲亚大教堂，集中体现了拜占廷建筑的特点。其突出之处是在方形平台上覆盖圆形穹顶的结构体系，通过特殊的过渡构件——帆拱把穹顶支承在若干独立的

圣索菲亚大教堂内部

墩子上，辅以筒形拱顶及其他措施达到力学上的平衡。与罗马人建在筒形实墙上的穹顶效果不同，采取这种结构，便能在各种正多边形平面上使用穹顶。使建筑物内外都有完整的集中式构图，成为后来欧洲纪念性建筑的先导。

圣索菲亚大教堂的另一特点是内部装饰富丽堂皇。重点部位镶嵌彩色玻璃，衬以金色，彩色大理石墙面，与外部朴素的砌体表面对比鲜明。教堂内部虚实、明暗的变化略带神秘气氛，闪烁发光的镶嵌表面加强了这种效果。广泛使用斑岩或大理石圆柱作内部的承重构件。柱头从圆形直接过渡到方形，上面附加一层斗形柱头垫石。在柱头之下、柱础之上加铜箍，既是结构需要，又有装饰效果。

圣索菲亚大教堂

东正教大教堂，又译为圣智大堂。位于土耳其伊斯坦布尔。原为拜占廷帝国的宫廷教堂，也是君士坦丁堡牧首的座

堂。532 年原由君士坦丁一世建造的罗马式大教堂毁于大火后，由东罗马帝国皇帝查士丁尼一世重建，历时 5 年。537 年竣工。教堂建筑由来自小亚细亚的安提缪斯和伊西多拉斯设计。

整个建筑占地 5400 平方米。中心部分为半圆穹顶，直径 32.6 米，高 54.8 米，由 4 根巨大的塔形方柱支撑，穹顶底部一圈有 40 扇窗。教堂内部圆柱和柱廊分隔成 3 条侧廊，柱廊上面的幕墙上有大小不等的诸多窗户。东西两面与较小的半

伊斯坦布尔市容

圣索菲亚大教堂鸟瞰

圆穹顶相连，每个半圆又接上更小的半圆穹。南北两面的圆拱形体，坐落在两层列柱和厚实的墙体上。其风格为罗马式长方形教堂与中心式正方形教堂相结合。是拜占廷拱形建筑的代表。曾遭受 8 ～ 9 世纪圣像破坏运动与 13 世纪第四次十字军东征的严重破坏，之后虽不断修复，但旧观终究未能恢复。15 世纪中土耳其人攻占君士坦丁堡后，用了大约一百年时间将其改为伊斯兰教清真寺。教堂内的基督教装饰改画成了伊斯兰教的图案。教堂四周加修了 4 座尖塔。1932 年后为国家博物馆。20 世纪 80 年代以后重新开放，其中一部分为清真寺。

第六章

罗曼建筑

罗曼建筑

10～12世纪欧洲基督教流行地区的一种建筑风格，也是欧洲中世纪第一个具有普遍意义的建筑和造型艺术风格。罗曼建筑原意为罗马式样的建筑，又译罗马风建筑、罗马式建筑、似罗马建筑等。主要流行于法国、意大利、英国和德国等地，在1100年左右达到全盛，主要见于修道院和教堂。

罗曼建筑承袭初期基督教建筑，采用带边廊和半圆室的会堂式平面。随着10世纪和11世纪欧洲修院制度的发展，为了容纳更多的修士和朝拜的信徒，教堂和修道院规模扩大，人们在门窗及拱廊等部位大量采用作为古罗马建筑传统做法的半圆拱券，用筒拱和交叉拱顶取代初期基督教堂中厅的木构屋顶，以厚重的柱墩和墙体抵挡拱顶的横向推力。出于向圣像、圣物膜拜的需要，同时也是为了更好地抵挡穹顶的横向推力，在东端增设了若干辐射状的小礼拜堂和回廊，平面形式渐趋复杂。

德国沃尔姆斯大教堂

罗曼建筑平面十字交叉处及西端往往设大小不一的壮观塔楼，沉重坚实的墙体表面饰以连拱券廊和檐壁，构成这种风格的典型特征。门窗洞口亦用多层同心圆券，以减少沉重感。有时也用简化的古典柱式和细部装饰。厅堂内大小柱式有韵律地交替布置，朴素的中厅与华丽的圣坛形成强烈对比，中厅与侧廊较大的空间变化打破了古典建筑的均衡感，窄小的窗口更赋予广阔的内部空间一种神秘的气氛。

随着建筑规模不断扩大和中厅向高处发展，在仍保持拉丁十字平面的同时，人们在罗马的拱券技术基础上不断进行试验和发展，采用扶壁以平衡沉重拱顶的横向推力，以后又逐渐用骨架券代替厚重的拱顶，进一步减少高耸的中厅上拱脚的横向推力，并使拱顶适应不同形式和尺寸的平面。到 1150 年左右，终于演化发展出哥特式建筑。罗曼建筑作为一种过渡形式，不仅第一次成功地把高塔组织到建筑的完整构图中去，同时也开始把沉重的结构与垂直上升的动势结合起来。

罗曼建筑的著名实例有意大利比萨大教堂建筑群（11 ～ 14 世纪）、德国沃尔姆斯大教堂（11 ～ 12 世纪）等。

比萨斜塔

意大利罗曼建筑的实例，为比萨大教堂建筑群的组成部分，也是建筑群中最引人注目的作品。斜塔在教堂圣坛东南 20 多米处，平面圆形的直径约 16 米，共 8 层。

塔于 1174 年动工，顶部钟亭约建于 1350 年，设计人热拉尔多。塔楼工程虽到 1271 年仍在进行，但风格上和教堂及洗礼堂完全一致；所用的构图手法基本同教堂，只是将连拱券廊立面用于圆柱形塔身。2～7层为空廊，第8层钟亭向内缩进。外墙全用白色大理石贴面，底层墙面上隐出连续拱券。厚墙中设螺旋楼梯，可通顶层。1987年作为文化遗产被列入联合国《世界遗产名录》。

比萨斜塔

在建造过程中由于地基不均匀沉降，基础不够坚实，塔身向南倾斜，虽采取了一侧加载及使塔身略弯等措施但一直未能阻止倾斜继续，斜塔因此得名。1590年伽利略曾在塔上进行过自由落体试验。多年来，对塔的高度和倾斜度众说纷纭。一般认为斜塔的高度约55米，塔顶偏离垂线约5米。为防止塔的进一步倾斜，意大利政府曾在1972年向全世界征求保护方案，后已按其中的一个付诸实施并取得初步成效。1990年暂停向公众开放。2000～2001年从北侧挖去32立方米的土，减少了444毫米的偏斜，斜塔重新向公众开放。意大利中央文物修复所（现文物保护修复高级研究院）于2003～2011年对建筑表面进行了清洗和修复。

第七章 哥特式建筑

哥特式建筑

11 世纪下半叶起源于法国，13 ～ 15 世纪流行于欧洲的建筑风格。主要见于天主教堂，也影响到世俗建筑。哥特式建筑以其高超的技术和艺术成就，在建筑史上占有重要地位。

哥特式教堂的结构体系由石头骨架拱券和飞扶壁组成。其基本单元系于正方形或矩形平面四角柱子上起双圆心肋骨尖券，四边和对角线上各一道，上铺屋面石板，形成拱顶。采用这种方式，可以在不同跨度上作出矢高相同的券，拱顶重量较轻，交线分明，减少了券脚的推力，简化了施工。飞扶壁由侧厅外面的柱墩起券，以此平衡中厅拱脚的侧推力。

为了增加稳定性，常在柱墩上砌尖塔。由于采用了尖券、尖拱和飞扶壁，哥特式教堂内部空间高旷、单纯、统一。装饰细部如华盖、壁龛等也都用尖券作母题，建筑风格与结构手法形成一个有机的整体。

法国哥特式建筑

11 世纪下半叶，哥特式建筑在法国兴起。当时法国一些教堂已经出现肋架拱顶和飞扶壁的雏形。一般认为第一座真正的哥特式教堂是巴黎郊区的圣德尼教堂。这座教堂用尖券巧妙地解决了各拱间的肋架拱顶结构问题，有大面积的彩色玻璃窗，为以后许多教堂所效法。

法国哥特式教堂平面虽取拉丁十字形，但横翼突出很少。西面为正门入口，东面环殿内设环廊，放射状排列若干小礼拜室。教堂内部中厅高耸，开大片彩色玻璃窗。外观上的显著特点是有许多大大小小的尖塔和尖顶，有的西边高大的钟楼上也砌尖顶。平面十字交叉处立一高耸尖塔，扶壁和墙垛上也都有玲珑的尖顶，窗户细高，整个教堂向上的动势很强，雕刻极其丰富。西立面是建筑的重点，两边一对高大钟楼下由横向券廊水平联系，三座大门由层层后退的尖券组成所谓透视门，券面满布雕像。正门上面有一个大圆窗，称为玫瑰窗，雕刻精巧华丽。

博韦大教堂于 1247 年动工。1548 年修了一座尖塔，高达152米，25年后倒塌。这座教堂始终未能建成，只修了东半部，其大厅净高48米，是哥特式教堂中最高的。亚眠大教堂是法国哥特式建筑盛期的代表作，长137米，宽46米，横翼凸出甚少，东端环殿放射状布置了7个小礼拜室。中厅宽15米，拱顶高达43米，中厅的拱间平面为长方形，每间用一个交叉拱顶，与侧厅拱顶对应。柱子不再是圆形，4根细柱附在1根圆柱上，形成束柱。细柱与上边的券肋相连，增强向上的动势。教堂内部遍布彩色玻璃大窗，几乎看不到墙面。教堂外部雕饰精美，富丽堂皇。这座教堂是哥特式建筑成熟的标志。

其他盛期的著名教堂还有兰斯大教堂和沙特尔大教堂，它们与亚眠大教堂和博韦大教堂一起，被称为法国四大哥特式教堂。斯特拉斯堡大教堂也很有名，其尖塔高142米。

百年战争发生后，法国在14世纪几乎没有建造教堂。及至哥特式建筑复苏，已到了火焰纹时期（因窗棂形如火焰而得名），建筑装饰趋于“流动”、复杂。束柱往往没有柱头，众多细柱从地面直达拱顶，成为肋架。拱顶上出现了星形或其他复杂形式的装饰肋。当时，很少建造大型教堂。这种风格多出现在大教堂的加建或改建部分，以及一些新建教堂中。

法国哥特时期世俗建筑的数量很大，与哥特式教堂的结构和形式很不一样。由于连年战争，城市大多设防。13世纪

法国兰斯大教堂的飞扶壁示意图

的城市卡尔卡松有两层带雉堞和圆形塔楼的坚实城墙，并有护城河、吊桥等防卫措施。城外封建领主的城堡多建于高地上，石墙厚实，碉堡林立，外形森严。由于城墙限制了城市的发展，城内嘈杂拥挤，居住条件很差。多层的市民住所紧贴狭窄的街道两旁，山墙面街。一层通常是作坊或店铺，二层起出挑以扩大空间。结构多为木框架，通过外露形成漂亮

法国沙特尔大教堂

图案，极富生趣。富人宅邸、市政厅、同业公会等则多用砖石建造，采用哥特式教堂的许多装饰手法。

英国哥特式建筑

出现比法国稍晚，流行于12～16世纪。其教堂不像法国教堂那样矗立于拥挤的城市中心、力求高大、控制城市，而是往往位于开阔的乡村环境中，作为庞大修道院建筑群的一部分，比较低矮，与修道院一起沿水平方向伸展。它们不像法国教堂那样重视结构技术，但装饰更自由多样。英国教堂的工期一般都很长，其间不断改建、加建，很难找到整体风格统一的。

坎特伯雷大教堂始建于11世纪初，曾遭火灾。1174～1185年请法国名匠设计重建的歌坛和圣殿全然是法国式样。索尔兹伯里大教堂和法国亚眠大教堂的建造年代接近，中厅较矮较深，两侧各有一侧厅，横翼突出较多，且有一较短的后横翼，可容纳更多的教士，为英国常见的布局手法。教堂的正面也在西侧。东面多以方厅结束，很少用环殿。索尔兹伯里教堂虽有飞扶壁，但并不显著。英国教堂平面交叉处的尖塔往往很高，成为构图中心，西面的钟塔退居次要地位。索尔兹伯里教堂的中心尖塔高约123米，为英国教堂之冠。其外观虽有英国特点，但内部仍是法国风格，装饰简单。后来的教堂内部则有较强的英国风格。约克教堂西面窗花复杂，曲线窗棂组成生动的图案。这时期的拱顶肋架图案丰富，埃克塞特教堂的拱顶肋架如树枝张开的大树，非常有力，还采用由许多圆柱组成的束柱。

格洛斯特教堂的东部和坎特伯雷教堂的西部，窗户极大，用许多直棂贯通分割，窗顶多为较平的四圆心券。纤细的肋架伸展盘绕，极为华丽。剑桥国王礼拜堂的拱顶像许多张开的扇

英国埃克塞特教堂

子，称作扇拱。韦斯敏斯特修道院中亨利七世礼拜堂的拱顶作了许多下垂的漏斗形花饰，穷极工巧。这时的肋架已失去结构作用，成了英国工匠们表现高超技巧的对象。英国大量的乡村小教堂，非常朴素亲切，往往一堂一塔，使用多种精巧的木屋架，很有特色。

英国哥特时期的世俗建筑成就很高。在哥特式建筑流行的早期，封建主的城堡具有很强的防卫功能，城墙极厚，设许多塔楼和碉堡，墙内还有高高的核堡。15世纪以后，王权进一步巩固，城堡外墙开了窗户，更多地考虑居住的舒适性。英国居民的半木构式住宅以木柱和木横档作为构架，另加装饰图案，深色的木梁柱与白墙相间，相当活泼。

德国哥特式建筑

科隆大教堂是德国最早的哥特教堂之一，1248年兴工，由建造过亚眠大教堂的法国人设计，具有法国盛期哥特教堂的风格，歌坛和圣殿颇似亚眠教堂。其中厅内部高达46米，仅次于法国博韦大教堂。西面双塔高152米，极为壮观。

德国教堂很早就形成自己的形制和特点。厅式教堂可以追溯到德国罗曼建筑时期。它和一般的巴西利卡式教堂不同，中厅和侧厅高度相同，既无高侧窗，也无飞扶壁，完全靠侧厅外墙瘦高的窗户采光。拱顶上面另加一层整体的陡坡屋面，内部是一个多柱大厅。马尔堡的圣伊丽莎白教堂西边有两座高塔，外观素雅，是这种教堂的代表。

德国还有一种只在教堂正面建一座高大钟塔的哥特式教堂。著名的例子是乌尔姆大教堂。它的钟塔高达161米，可谓中世纪教堂建筑中的奇观。砖造教堂在北欧很流行，德国北部也有不少这类哥特式教堂。

15世纪以后，德国的石作技巧达到了高峰。石雕窗棂刀

德国乌尔姆大教堂

法纯熟，精致华美。有时两层图案不同的石刻窗花重叠在一起，玲珑剔透。建筑内部的装饰小品也不乏精美的杰作。

德国哥特建筑时期的世俗建筑多用砖石建造。双坡屋顶很陡，内有阁楼，甚至是多层阁楼，屋面和山墙上开着一层层窗户，墙上常挑出轻巧的木窗、阳台或壁龛，外观极富特色。

意大利哥特式建筑

哥特式建筑于 12 世纪由北方各国传入，影响也主要限于北部地区。意大利没有真正接受哥特式建筑的结构体系和造型原则，只是把它作为一种装饰风格，因此很难找到“纯粹”的哥特式教堂。

意大利教堂并不强调高度和垂直感，正面也没有高大的钟塔，而是采用屏幕式的山墙构图。屋顶平缓，窗户不大，往往尖券和半圆券并用，飞扶壁极为少见，雕刻和装饰具有明显的罗马古典风格。锡耶纳大教堂使用了肋架券，但只是在拱顶上略呈尖形，其他仍为半圆。奥尔维耶托大教堂屋顶仍用木屋架。这两座教堂正面相似，其构图可视作屏幕式山墙的发展，中间高，两边低，有三个山尖。外部虽然用了许多哥特式小尖塔和壁墩作为装饰，但平墙面上的大圆窗和连续券廊，仍然是意大利教学的固有风格。

意大利最著名的哥特式教堂是米兰大教堂。它是欧洲中世纪最大教堂之一，14 世纪 80 年代动工，直至 19 世纪初才最后完成。教堂内部由四排巨柱隔开，宽达 49 米。中厅高约 45 米，横翼与中厅交叉处更拔高至 65 米多，上面是一个八角形采光亭。中厅仅高出侧厅少许，侧高窗很小，内部光线幽暗。建筑外部由光彩夺目的白大理石筑成。高高的花窗、直立的扶壁以及 135 座尖塔，处处表现出向上的动势，塔顶上的雕像也仿佛正待飞升。西边正面为意大利人字山墙，同样装饰着很多哥特式尖券尖塔，唯门窗已带有文艺复兴晚期的风格。

这时期意大利城市的世俗建筑成就很高，特别是在许多富有的城市里，建造了许多有名的市政建筑和府邸。市政厅一般位于城市的中心广场，粗石墙面，严肃厚重；很多还配有瘦高的钟塔，构图丰富，构成广场的标志。城市里一般都建有许多高塔，形成优美的总体廓线。圣马可广场上的威尼斯总督宫被公认为中世纪世俗建筑中最美丽的作品之一。其

意大利威尼斯总督宫

立面采用连续的哥特式尖券和火焰纹式券廊，构图别致，色彩明快。威尼斯还有很多带有哥特式柱廊的府邸，临水而立，非常优雅，如著名的黄金府邸。

巴黎圣母院

法国天主教大教堂。位于巴黎塞纳河城岛东端。始建于

1163年。教堂所在地传说为9世纪中叶法国墨洛温王朝时代的主教座堂遗址。

教堂动工时，教皇亚历山大三世与法王路易七世曾亲自奠基。1320年落成。教堂占地面积为6240平方米。中部堂顶离地35米，两座钟楼高69米。内部共有三层，底层为柱廊与尖拱，中间层为隔层并带有侧廊，上层为玻璃窗，若干细长石柱将三层连为一体。19世纪时曾重建，只有三个巨大的圆形窗保留了13世纪的彩色玻璃。该教堂的哥特式风格和其规模，在考古和建筑方面颇具价值；同时也以其祭坛、回廊、门窗等处的雕刻和绘画艺术，以及堂内所藏的13～17世纪的大量艺术珍品而闻名于世。

巴黎圣母院

第八章
俄罗斯建筑

俄罗斯建筑

在俄罗斯，具有民族特点的建筑形成于12世纪末。教堂具有战盔式穹顶，其代表作是诺夫哥罗德附近的斯巴斯·涅列基扎教堂。

15世纪末，在莫斯科克里姆林宫建造了圣母升天教堂和多棱宫。前者采用希腊十字平面，5个穹顶均设高高的鼓座，结构轻快，空间开朗。多棱宫为举行仪典和宴会的场所，是意大利匠师所建，带有意大利文艺复兴风格和细部处理特征；大厅中央有一根大柱子，继承了俄罗斯木建筑传统。

16世纪，俄罗斯建成中央集权国家。莫斯科红场上的瓦西里升天教堂是一座大型纪念性建筑，中央“帐篷顶”总高46米，周围8座较小墩座，皆用战盔式穹顶，饰以金、绿两色并夹杂黄、红色。教堂以红砖砌筑，细部用白色石料，装饰华丽，色彩鲜明。

17世纪末至18世纪初，在圣彼得大帝倡导下，俄罗斯建筑逐渐西欧化。这一时期在圣彼得堡修建了彼得保罗要塞和冬宫。要塞建在涅瓦河进圣彼得堡的入口处，其中一所平面为拉丁十字的教堂带有明显的西方建筑印记，教堂金色尖顶高达34米，与周围水面和房屋、围墙构成强烈对比，给从

瓦西里升天教堂

海上进入圣彼得堡的人们以深刻印象。

18 世纪下半叶，城市建设相当活跃。因受法国影响，建筑形式趋向简化，追求单纯的几何形体，主要是古典主义的形式。莫斯科克里姆林宫的枢密院是这一时期的代表作。

19 世纪上半叶，俄罗斯成为欧洲强国，圣彼得堡中心广场周围建成了一批大型纪念性建筑。作为构图中心的海军部大厦位于广场北部。大厦正中高达 72 米的塔楼，城市中，3 条街道放射状交会于此，其中一条即圣彼得堡最重要的大道——涅瓦大街。大厦北面涅瓦河对岸为交易所，东北面为彼得保罗要塞的教堂。海军部大厦东面即冬宫。建在冬宫南面呈弧形的总司令部大厦，立面简单朴素，仅在中央设一座凯旋门式的巨大拱门，构成冬宫广场的南入口，从涅瓦大街有一条岔道通往拱门。广场中央矗立着 47 米多高的亚历山大纪功柱，同冬宫和大厦平展的体形互相映衬，大大丰富了广场建筑群的构图。大厦广场北面有著名的彼得大帝铜像，南面有伊萨基辅大教堂。通过海军部前广场可以一直望到冬宫广场中央的纪功柱。这时期还在涅瓦大街上建造了亚历山大剧院和喀山大教堂等著名建筑。

克里姆林宫

专指莫斯科皇宫；泛指俄国一些古老城市的卫城。俄文原意为卫城，为俄罗斯古代城市的设防中心。一些古老城市如莫斯科、普斯科夫、图拉、罗斯托夫、诺夫哥罗德、喀山等，都有卫城留存至今。卫城一般建在城中高地上，内设宫殿、教堂等，周边筑有城墙和塔楼。

莫斯科克里姆林宫始建于12世纪，至15世纪莫斯科大公伊凡三世时初具规模，以后逐渐扩大。16世纪中叶起成为沙皇的宫堡，17世纪逐渐失去城堡的性质成为莫斯科的市中心建筑群。克里姆林宫墙东北的红场，是国家政治活动中心。克里姆林宫的钟塔群同红场周围的瓦西里升天教堂及其他历史建筑，已被视为莫斯科的象征和标志。尚存古建筑中，建于15世纪的圣母升天教堂是举行沙皇登基仪式的地方；因外表用钻石形石块贴面而得名的多棱宫

（建于 15 世纪），是举行国家大典和宴会的大厅。18 世纪下半叶建造的枢密院大厦的构图中心为一大穹顶，平面三角形，穹顶正好处于红场的中轴线上，丰富了红场建筑群的景观。在克里姆林宫墙内，枢密院大厦本身与周围建筑亦配合协调。19 世纪上半叶建造了大克里姆林宫、兵器陈列馆和高达 60 米的伊凡钟塔。这些不同特色的建筑结合在一起形成了完整的克里姆林建筑群。

克里姆林宫夜景

冬宫

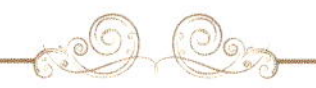

俄罗斯罗曼罗夫王朝皇宫。位于圣彼得堡涅瓦河畔。由意大利建筑师B.拉斯特雷利设计，1754～1762年建成。

1837 年大火烧毁了许多屋内的装饰，一年多后又修复。1922 年起成为艾尔米塔什国家博物馆的主体。

冬宫是一幢三层楼的巴洛克式建筑。平面呈长方形，长约 280 米、宽约 140 米、高 22 米，总建筑面积 4.6 万平方米，占地 9 万平方米。皇宫一面朝向涅瓦河，另一面朝向冬宫广场，四角建有凸出部，有华丽的内院。建筑物外立面分为上下两部分，壁柱上部两层采用混合式柱式，每层都有圆拱顶窗，立面顶端有 200 多座雕像和花瓶等装饰。宫殿有上千间房间，内部以金、铜、水晶、大理石、孔雀石、玛瑙和各种艺术珍品装饰，色彩缤纷，豪华而又典雅。宫内大厅各具特色，其中乔治大厅、亚历山大大厅、孔雀石大厅、小餐

冬宫

厅尤为著名。在乔治大厅的墙上有一幅镶有45000颗各色宝石的俄国地图。

冬宫是18世纪中叶俄国巴洛克式宫廷建筑的杰出典范，是俄罗斯同类型建筑和景观的杰出范例，对俄罗斯的建筑艺术、城镇建设和景观设计的发展产生过重大影响。从彼得大帝时期起的许多重大历史事件都与冬宫有直接联系，它是18世纪以来俄国历史的缩影。1990年，圣彼得堡涅瓦河两岸建筑作为文化遗产被列入《世界遗产名录》，冬宫是其中重要的组成部分。

冬宫广场纪功柱

第九章

文艺复兴建筑

文艺复兴建筑

欧洲建筑史上继哥特式建筑之后出现的一种建筑风格。15 世纪产生于意大利，后传播到欧洲其他地区，形成带有各自特点的各国文艺复兴建筑。意大利文艺复兴建筑在文艺复兴建筑中占有最重要的位置。

文艺复兴建筑最明显的特征是扬弃了中世纪时期的哥特式建筑风格，而在宗教和世俗建筑上重新采用古希腊罗马时期的柱式构图要素。文艺复兴时期的建筑师和艺术家们认为，哥特式建筑是基督教神权统治的象征，而古代希腊和罗马的建筑是非基督教的。他们认为这种古典建筑，特别是古典柱式构图体现着和谐与理性，并且同人体美有相通之处。这些正符合文艺复兴运动的人文主义观念。

但是意大利文艺复兴时代的建筑师绝不是食古不化的人。虽然有人如A.帕拉第奥和G.B.da维尼奥拉在著作中为古典柱式制定出严格的规范，然而当时的建筑师，包括帕拉第奥和维尼奥拉本人在内并不受规范的束缚。他们一方面采用古典柱式，一方面又灵活变通，大胆创新，甚至将各个地区的建筑风格同古典柱式融合起来。他们还将文艺复兴时期的许多科学技术上的成果，如力学上的成就、绘画中的透视规律、新的施工机具等，运用到建筑创作实践中去。在文艺复兴时期，建筑类型、建筑形制、建筑形式都比以前增多了。建筑师在创作中既体现统一的时代风格，又十分重视表现自己的艺术个性，各自创立学派和个人的独特风格。总之，文艺复兴建筑，特别是意大利文艺复兴建筑，呈现空前繁荣的景象，是世界建筑史上一个大发展和大提升的时期。

一般认为，15世纪佛罗伦萨大教堂的建成，标志着文艺复兴建筑的开端。而关于文艺复兴建筑何时结束的问题，建筑史学界尚存在着不同的看法。有一些学者认为一直到18世纪末，将近400年都属于文艺复兴建筑时期。另一种看法是意大利文艺复兴建筑风格到17世纪初结束，此后转为巴洛克建筑风格。意大利以外地区的文艺复兴建筑的形成和延续呈现着复杂、曲折和参差不齐的状况。建筑史学界对意大利以外欧洲各国文艺复兴建筑的性质和延续时间并无一致的见解。尽管如此，建筑史学界仍然公认以意大利为中心的文艺复兴建筑对以后几百年欧洲及其他许多地区的建筑风格产生了广泛、持久的影响。

意大利文艺复兴建筑

始于佛罗伦萨的文艺复兴建筑，影响遍及整个欧洲，但以意大利文艺复兴建筑最具有典型性。

文艺复兴时期，意大利的世俗建筑得到很大的发展，城市广场和园林方面也取得成就；新的设计手法纷纷出现；多种建筑理论著作相继问世。意大利文艺复兴建筑对后世的建筑发展有很大影响。

发展过程

大致可分为以佛罗伦萨的建筑为代表的文艺复兴早期，

以罗马的建筑为代表的文艺复兴盛期和文艺复兴晚期。

意大利文艺复兴早期建筑的著名实例有：佛罗伦萨大教堂中央穹隆顶，设计人是 F. 布鲁内莱斯基，大穹隆顶首次采用古典建筑形式，打破中世纪天主教教堂的构图手法；佛罗伦萨的育婴院也是 F. 布鲁内莱斯基设计的；佛罗伦萨的美第奇府邸，设计人是米开罗佐；佛罗伦萨的鲁奇兰府邸，设计人是 L.B. 阿尔贝蒂。

意大利文艺复兴盛期建筑的著名实例有：罗马的坦比哀多神堂，设计人是 D. 伯拉孟特；罗马圣彼得大教堂；罗马的法尔尼斯府邸，设计人是小桑迦洛等。

意大利文艺复兴晚期建筑的典型实例有维琴察的巴西利卡和圆厅别墅，两座建筑设计人都是 A. 帕拉第奥。

建筑理论

这时期出现了不少建筑理论著作，大抵是以维特鲁威的《建筑十书》为基础发展而成的。这些著作源于古典建筑理论。特点之一是强调人体美，把柱式构图同人体进行比拟，反映了当时的人文主义思想。特点之二是用数学和几何学关系如黄金分割（1.618：1）、正方形等来确定美的比例和协调的关系，这是受中世纪关于数字有神秘象征说法的影响。意大利 15 世纪著名建筑理论家和建筑师阿尔贝蒂所写的《论建筑》（又称《建筑十篇》），最能体现上述特点。文艺复兴晚期的建筑理论使古典形式变为僵化的工具，定了许多清规戒律和严格的柱式规范，成为 17 世纪法国古典主义建筑的张本。晚期著名的建筑理论著作有帕拉第奥的《建筑四论》和维尼奥拉的《五种柱式规范》。

成就

意大利文艺复兴时期世俗建筑类型增加，在设计方面有许多创新。世俗建筑一般围绕院子布置，有整齐庄严的临街立面。外部造型在古典建筑的基础上，发展出灵活多样的处理方法，如立面分层，粗石与细石墙面的处理，叠柱的应用，券柱式、双柱、拱廊、粉刷、隅石、装饰、山花的变化等，使文艺复兴建筑呈现出崭新的面貌。世俗建筑的成就集中表现在府邸建筑上。

教堂建筑利用了世俗建筑的成就，并发展了古典传统，造型更加富丽堂皇。不过，往往由于设计上局限于宗教要求，或是追求过分的夸张，而失去应有的真实性和尺度感。

在建筑技术方面，梁柱系统与拱券结构混合应用；大型建筑外墙用石材，内部用砖，或者下层用石、上层用砖砌筑；在方形平面上加鼓形座和圆顶；穹顶采用内外壳和肋骨。这些，都反映出结构和施工技术达到了新的水平。

城市的改建往往追求庄严对称。典型的例子如佛罗伦萨、威尼斯、罗马等。文艺复兴晚期出现一些理想城市的方案，最有代表性的是 V. 斯卡莫齐的理想城。广场在文艺复兴时期得到很大的发展。按性质可分为集市活动广场、纪念性广场、装饰性广场、交通性广场。按形式分，有长方形广场、圆形或椭圆形广场，以及不规则形广场、复合式广场等。广场一般都有一个主题，四周有附属建筑陪衬。早期广场周围布置比较自由，空间多封闭，雕像常在广场一侧；后期广场较严整，周围常用柱廊，空间较开敞，雕像往往放在广场中央。

从 14 世纪起，修建园林成了一时的风尚。15 世纪时，贵族富商的园林别墅差不多遍布佛罗伦萨和意大利北部各城市。16 世纪时，园林艺术发展到了高峰。

对欧洲其他国家的影响

意大利文艺复兴建筑的影响深远，在 16 ～ 18 世纪风行欧洲，大多与当地的建筑风格结合起来。

16 世纪，在意大利文艺复兴建筑的影响下形成法国文艺复兴建筑。从那时起，法国的建筑风格由哥特式向文艺复兴式过渡，往往把文艺复兴建筑的细部装饰应用在哥特式建筑上。当时主要是建造宫殿、府邸和市民房屋等世俗建筑。代表作品有 : 尚堡府邸、枫丹白露离宫。尚堡府邸原为法国国王法兰西斯一世的猎庄和离宫，建筑平面布局和造型保持中世纪的传统手法，有角楼、城壕和吊桥；外形的水平划分和细部线脚处理则是文艺复兴式的，屋顶高低参差。17 世纪和

18 世纪上半叶在法国建筑中占统治地位的则是古典主义建筑风格。

16 世纪中叶，文艺复兴建筑在英国逐渐确立，建筑物出现过渡性风格，既继承哥特式建筑的传统，又采用意大利文艺复兴建筑的细部。中世纪的英国热衷于建造壮丽的教堂，16 世纪下半叶开始注意世俗建筑。富商、权贵、绅士们的大型豪华府邸多建在乡村，有塔楼、山墙、檐部、栏杆和烟囱，墙壁上常常开许多凸窗，窗额为方形。文艺复兴建筑风格的细部也应用到室内装饰和家具陈设上。府邸周围一般布置形状规则的大花园，其中有前庭、平台、水池、喷泉、花坛和灌木绿篱，与府邸组成完整和谐的环境。典型例子有哈德威克府邸等。

17 世纪初，英国为了显示王权的威严，王室在伦敦设计建造庞大的白厅宫，但只建成了大宴会厅（1619 ～ 1622）。英国建筑师 I. 琼斯在设计这座建筑物时，采用意大利文艺复兴时期建筑师帕拉第奥严格的古典建筑手法，摆脱了英国中世纪建筑的影响。这时期的建筑仍然以居住建筑占主要地位，古典柱式和规则的建筑立面渐渐代替了伊丽莎白时期自由的过渡性风格。

1640 年开始的英国资产阶级革命削弱了王室的专制统治，但在君主立宪的斯图亚特王朝时，古典建筑手法在英国仍占主导地位，以伦敦圣保罗大教堂为代表作。

18世纪初，为英国新贵族和一部分富商建造府邸成了建筑活动的中心。这些新府邸规模宏大，应用严格的古典手法，追求森严傲岸的风格。比较有代表性的实例是牛津郡的勃仑罕姆府邸（1704～1720）、约克郡的霍华德府邸（1699～1712）和凯德尔斯顿府邸（1757～1770）。府邸的平面布局多半是正中为主楼，楼内有大厅、沙龙、卧室、餐厅、起居室等。主楼前是一个宽敞的三合院。它的两侧又各有一个很大的院子，一个是马厩，另一个有厨房和其他服务用房。这种布局方式意在表现新贵族和巨商们的气派和财富。

在意大利文艺复兴建筑的影响下，德国在16世纪下半叶出现文艺复兴建筑。开始，主要是在哥特式建筑上安置一些文艺复兴建筑风格的构件，或者增添一些这种风格的建筑装饰。典型实例如规模巨大的海德堡宫（1531～1612）和海尔布隆市政厅（1535～1596）。1560年，巴伐利亚公爵阿尔伯蒂五世在慕尼黑重建府邸，有意采用古典风格，其中的文物陈列厅是德国文艺复兴建筑中的精美作品。

从17世纪开始，意大利建筑师陆续从意大利北部把文艺复兴建筑艺术带到德国。而德国建筑师也开始真正接受文艺复兴建筑，并创造了具有本民族特点的手法。不来梅市政厅1612年改造后的立面可称代表作。

从15世纪末叶开始，意大利文艺复兴建筑影响了西班牙建筑。那时起，西班牙建筑的显著特点是把文艺复兴建筑的细部用在哥特式建筑上。建筑造型变化很多，装饰丰富细腻，几乎可同银饰媲美，因而称为“银匠式”风格。比较有代表性的实例是萨拉曼卡的贝壳府邸和埃纳雷斯堡大学等。

从 16 世纪中叶起，西班牙的一些建筑师和雕刻家曾到意大利考察，深受古典艺术影响。从 17 世纪中叶起，巴洛克建筑在西班牙兴起。

圣彼得大教堂

世界上最大的天主教堂，1506 ～ 1626 年建于罗马。今属梵蒂冈城国。它凝聚了几代著名匠师的智慧，是意大利文艺复兴建筑的纪念碑。罗马教廷在此举行大型宗教活动。

16 世纪初，教皇尤利乌斯二世为了重振业已分裂的教会，实现教皇国的统一，决定重建已破旧不堪的圣彼得大教堂。1505 年，建筑师 D. 伯拉孟特设计的方案中选，建筑遂于 1506 年动工。伯拉孟特设计的教堂平面是一个包含有希

圣彼得大教堂穹顶

腊十字的正方形，于希腊十字的正中覆盖大穹顶，正方形四角上各有一个小穹顶。大圆顶的鼓座上围筑一圈柱廊。1514年伯拉孟特去世，由拉斐尔、B. 佩鲁齐、小桑迦洛、米开朗琪罗等人继续设计建造。1564年工程进行到穹顶鼓座时，米开朗琪罗去世，由 G.della 波尔塔和 D. 丰塔纳继续完成大穹顶工程。为使直径42米的穹顶更加牢靠，他们和后继者在底部加上了8道铁链。大穹顶1590年竣工，其顶点离地面137.7米。1564年 G.B.da 维尼奥拉继续设计了大穹顶四角上的小穹顶。不久，教皇保罗五世决定把希腊十字平面改为拉丁十字平面，命建筑师 C. 马代尔诺在前面加了一段巴

圣彼得大教堂外景

西利卡式的大厅，导致在近处看不到完整的穹顶。最后完成的拉丁十字平面内部长 183 米，两翼宽 137 米。内部墙面用各色大理石、壁画、雕刻等装饰，穹顶上有天花，外墙面饰以灰华石和柱式。

1655 ～ 1667 年，由 G.L. 贝尼尼建造了杰出的教堂入口广场。广场由梯形和椭圆形平面组成，椭圆形长轴 198 米，周围由 284 根塔斯干柱子组成的柱廊环绕，地面略有坡度。

佛罗伦萨大教堂

位于意大利佛罗伦萨市中心。1296 年由处于全盛时期的市政当局决定建造，设计人是 A. 迪卡姆比奥。1302 年迪卡姆比奥死后教堂停工。1334 年，继续建造，但因技术困难，没有建屋顶。直到 1420 年才由 F. 布鲁内莱斯基动工建造大穹顶。后其上又建了一个八角采光亭。西部大理石饰面始建于 13 世纪，中间一度停工，直到 19 世纪才最终完成。

教堂采用拉丁十字形平面，本堂长 82.3 米，由 4 个方形跨间组成，比例宽阔、形制特殊。本堂两边柱墩上各面出壁柱，其上大跨度尖拱光面无线脚。侧廊上部无廊台，于本堂拱顶下开圆窗采光。教堂东端 3 面出巨室。巨室外围有 5 个小礼拜堂。本堂与耳堂交会处，设八角形祭坛一个。室内构图庄重，风格朴实，垂直特点不明显，壁柱造型更表现出古典建筑的影响。但外部以黑、绿和粉色条纹大理石镶砌成的格板，和雕刻、马赛克及石刻花窗一起，使总体呈现出一派华丽的风格，与室内的简朴恰成对比。总体外观比例和谐，没有飞拱和小尖塔，水平线条划分明显，表现出浓重的意大利地方特色，和法、德等国哥特式建筑迥然异趣。

高106米的中央穹顶为意大利早期文艺复兴建筑的第一个作品。基部八角形，直径42.2米，各面带圆窗的鼓座高10余米。设计者成功地把一个文艺复兴式的屋顶形式和一个哥

佛罗伦萨大教堂的穹顶

特式建筑结合起来，并通过鼓座，使穹顶在建筑外部的构图作用得以充分显现，成为城市轮廓的重要组成部分。这是自古罗马时代以来，穹顶建筑的一个巨大进步。

第十章 古典主义建筑

古典主义建筑

运用“纯正”的古希腊、古罗马建筑和意大利文艺复兴建筑样式及古典柱式的建筑。主要是法国古典主义建筑，以及其他地区受其影响的建筑。广义的古典主义建筑指在古希腊建筑和古罗马建筑的基础上发展起来的意大利文艺复兴建筑、巴洛克建筑和古典复兴建筑。其共同特点是采用古典柱式。古典主义建筑通常取狭义。

17 世纪下半叶，法国文化艺术的主导潮流是古典主义。古典主义美学的哲学基础是唯理论，认为艺术需要有像数学一样严格明确、条理清晰的规则和规范。同当时文学、绘画、戏剧等艺术门类一样，建筑中也形成了古典主义的理论。法国古典主义理论家 J.F. 布隆代尔曾宣称“美产生于度量和比例”，他认为意大利文艺复兴时代的建筑师通过测绘研究古希腊、古罗马建筑遗迹得出的建筑法式是永恒的金科玉律。他还说，“古典柱式给予其他一切以度量规则”。古典主义者在建筑设计中以古典柱式为构图基础，突出轴线，强调对称，注重比例，讲究主从关系。巴黎卢浮宫东立面的设计集中地体现了古典主义建筑的原则，凡尔赛宫以及英国伦敦圣保罗大教堂也是古典主义的代表作。

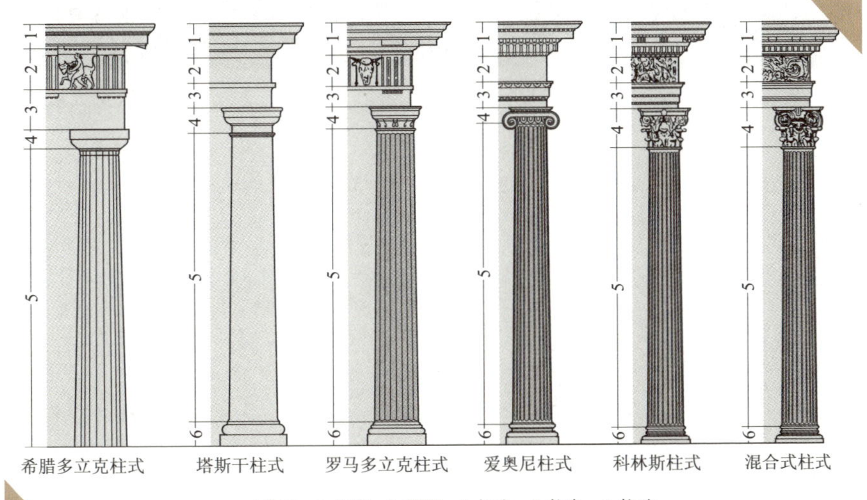

柱式比较图

古典主义建筑以法国为中心，向欧洲其他国家传播，以后又影响了广大地区。在宫廷建筑、纪念性建筑和大型公共建筑中采用尤多，到 18 世纪 60 年代至 19 世纪再次出现了古

伦敦圣保罗大教堂

典复兴建筑的潮流。世界各地许多古典主义建筑作品至今仍然受到追捧。19 世纪末和 20 世纪初，随着社会的发展和建筑自身的发展，作为完整建筑体系的古典主义为其他建筑潮流取代。但古典主义建筑作为一项重要的文化遗产，建筑师们仍然可从其中汲取一些有用的因素。

法国古典主义建筑

法国在路易十三（1610～1643年在位）和路易十四（1643～1715年在位）专制王权极盛时期开始竭力崇尚古典主义建筑风格。

古典主义建筑造型严谨，普遍应用古典柱式，内部装饰丰富多彩。法国古典主义建筑的代表作是规模巨大、造型雄伟的宫廷建筑和纪念性的广场建筑群。这一时期法国王室和权臣建造的离宫别馆和园林，为欧洲其他国家所仿效。

随着古典主义建筑风格的流行，巴黎在1671年设立了建筑学院，学生多出身于贵族家庭，他们瞧不起工匠和工匠的技术，形成了崇尚古典形式的学院派。学院派建筑和教育体系一直延续到19世纪。学院派有关建筑师的职业技巧和建筑构图艺术等观念，统治西欧的建筑事业达200多年。

早期古典主义建筑的代表作品有巴黎卢浮宫的东立面、

凡尔赛宫和巴黎伤兵院新教堂等。凡尔赛宫不仅创立了宫殿的新形制，而且在规划设计和造园艺术上都为当时欧洲各国所效法。伤兵院新教堂是路易十四时期军队的纪念碑，也是17世纪法国典型的古典主义建筑。新教堂接在旧的巴西利卡式教堂南端，平面呈正方形，中央顶部覆盖着有3层壳体的穹隆，外观呈抛物线状，略微向上提高，顶上还加了一个文艺复兴时期惯用的采光亭。穹顶下的空间为十字形，四角上是四个圆形的祈祷室。新教堂立面紧凑，穹顶距地面106.5米，是整座建筑的中心，方方正正的教堂本身看来像是穹顶的基座，更增加了建筑的庄严气氛。

在18世纪上半叶和中叶，国家性的、纪念性的大型建筑比17世纪显著减少。代之而起的是大量舒适静谧的城市住宅和小巧精致的乡村别墅。在这些住宅中，美轮美奂的沙龙和舒适的起居室取代了豪华的大厅。在建筑外形上，虽然巴洛克教堂式样很快为其他建筑物所效法，但这时期巴黎建筑学院仍是古典主义的大本营。

当时的著名建筑有和谐广场和南锡市的市中心广场等。后者由在一条纵轴线上的3个广场组成：北为政府广场，长圆形；南为斯丹尼斯拉广场，长方形；中间是一个狭长的广场。广场群是半封闭的，空间组合富有变化又和谐统一。广场上的树木、喷泉、雕像、栅栏门、桥、凯旋门和建筑物的配合也很恰当。

卢浮宫

原是法国王宫，现为法国国立艺术博物馆所在地。位于巴黎市中心塞纳河右岸边。1190～1204年间，法王腓力二世为

卢浮宫钟楼

卢浮宫金字塔形入口

存放王室档案和珍宝而建。15～18世纪末曾四次改建和扩建。1793年，法国国民议会宣布这里作为博物馆向观众开放。此后又大规模扩建，到1868年，卢浮宫的建筑才全部完成。

卢浮宫分为东、中、西三个院落。东院建成最早，是较小的方形院，后来向西延伸建成中院，再向西建成敞开式的较大的西院。三部分均为三层楼，有的部位建有地下层。各部分因建筑时期不同而风格各异。其中，中院的东立面是1624年建筑学家J.勒梅西应路易十三的要求，在1546年早期文艺复兴风格的基础上重新设计和扩建的，保留了意大利式的壁柱和檐廊。建筑为古典主义风格，古朴清新，庄严肃穆，最为人们所推崇。

为了解决王宫改为博物馆在观众分流方面存在的问题及实现大卢浮宫计划，法国政府聘请美籍华裔建筑师贝聿铭，于1982年在卢浮宫中院内设计建造一大四小共五个玻璃金字塔形透明屋顶，其中大金字塔下用作观众入口，在地下对进入各展室的游客进行分流。

卢浮宫代表一种独特的艺术成就，是一项创造性的天才杰作、一个宫殿建筑的杰出范例，对欧洲建筑艺术的发展产生过重大影响。1991年，巴黎市中心塞纳河两岸作为文化遗产被列入《世界遗产名录》，卢浮宫是其中一部分。

凡尔赛宫

位于巴黎西南18千米的凡尔赛，原为法国王宫，是法国巴洛克和古典主义建筑的代表作，以宫殿和园林建筑的艺术成就闻名于世。该地本是狩猎场，路易十三曾在此建造一座

砖砌猎庄。这座三合院式的建筑即今日凡尔赛宫的核心。

1661 年路易十四决定在这里建宫，工程开始的主持人为建筑师 L. 勒沃。他在原有宫邸南、西、北三面扩建，又把它的南北两翼延长，形成御院。东西主轴线和花园的规划由著名造园家 A. 勒诺特尔负责。1678 年，继续扩建的重任落到学院派古典主义建筑的代表、时年 31 岁的 J.H. 孟萨肩上。他修建了南北两翼，使建筑总长达到 402 米。18 世纪路易十五时期，加布里埃尔又进行了一些扩建。至此，工程大体完成。

三条大道放射状交会于宫殿广场前的检阅场。这是法国专制君权强调严格秩序的唯理主义思想同巴洛克建筑开放布局结合的产物。宫殿西立面朝向花园，展开长度达 680 米，高度划一，平顶到头，意大利作风显著，与入口一面格调相异。立面划分依古典程式，强调水平线条。但因中央主体部分向前突出，将立面分成 3 段，每段之内，下两层又有几个

凡尔赛宫外景

小的突出体量，立面并不显得呆板单调。

石头建造的新宫南翼是王子和亲王们的住处，北翼是法国中央政府办公处所，并有教堂、剧院等。宫内有宽阔的联列厅和堂皇的大理石楼梯，饰有壁画和各种雕像。中央部分轴线上即孟萨建造的长 73 米的镜廊。这是宫内最重要的厅堂，也是欧洲历史上许多重大事件的发生地。朝向花园一面辟 17 个拱形巨窗，可以远眺建筑东西主轴上的壮丽景色。

宫殿西面花园面积约 6.7 平方千米，规模在世界皇家园林中首屈一指，是法国古典园林设计的典范。其主体部分以东西主轴为中心，两边布局大致取均衡态势。主轴上依次布

凡尔赛宫镜廊

置台地、绿地、水池等。另有若干次要轴线和次要空间，或与主轴相交或与之平行。道路、广场、水池乃至植物均取几何造型，结合大量的雕像和喷泉，充分发挥了透视和对景借景的效果。

凡尔赛宫是法兰西艺术的明珠。1837 年改为国家博物馆。凡尔赛宫与许多重大历史事件有关。在此曾签订过多次和约，著名的有：1871 年普法战争的和约，1892 年结束北美独立战争的和约及 1919 年结束第一次世界大战的和约之一的《凡尔赛和约》。

伦敦圣保罗大教堂

英国基督教教堂。位于伦敦城西部的卢德门山顶。由东撒克逊王埃塞尔伯特始建于 604 年，后几度重建。现存教堂是在 1666 年大火后由英国建筑师 C. 雷恩设计、1675 年开始兴建、1710 年完工的，工程费用达 75 万英镑。1940 年底，

俯瞰伦敦圣保罗大教堂

教堂在空袭中遭到损坏，第二次世界大战后修复。

主体建筑平面为拉丁十字形，长 156.9 米、宽 69.3 米。楼内是用方形石柱支撑起的高大的拱形大厅，上层贴墙有廊道。大厅的墙壁和天花板有各种精美雕刻和豪华装饰。十字交叉处托起一座直径 34 米、高 111.4 米的巨大的圆形穹顶建筑，底层外有廊柱，顶层有一圈石栏围成的阳台，

教堂内景

穹顶上安放着镀金大十字架。教堂正面建筑两端建有对称的钟楼。

伦敦圣保罗大教堂以悠久的历史和壮观的建筑闻名于世，建筑内的装修也十分精致，唱诗班席位的镂刻木工、圣殿大厅和教长住处螺旋形楼梯上的铁制工艺，都是当时艺术与装饰工艺的杰作。教堂内还有许多王公贵族和社会名流的墓，如英国海军上将 H. 纳尔逊、英国首相 A.W. 威灵顿公爵等。

第十一章

古代印度建筑

古代印度建筑

印度河和恒河流域是古代世界文明发达地区之一，留下了丰富多彩的建筑遗迹。

佛教建筑

古代印度遗留下了佛塔、石窟等佛教建筑。窣堵波是埋葬佛骨的半球形建筑，现存最大的一个在桑吉，约建于公元前250年。覆钵直径36.6米、高16.5米，下为两层台基。窣堵波四面均设门，立柱间用插榫法横排三条断面呈橄榄形的石枋。门上满布浮雕，轮廓上装饰圆雕题材多取佛祖本生故事。

在相传为佛祖释迦牟尼悟道的地方——菩提伽耶建有一庙一塔。塔即佛祖塔，始建于2世纪，14世纪重建。塔为金刚宝座式，在高高的方形台基中央有一个高大的方锥体，四角有四座式样相同的小塔。塔身轮廓呈弧线，由下至上逐渐收缩，表面满布雕刻。

石窟分两种。举行宗教仪式的石窟名支提窟，平面长方形，远端为半圆形，半圆形中间设一窣堵波。除入口处外，沿内墙面有一排柱子。另一种石窟称精舍，以一个方厅为核心，三面凿出几间方形小室，供僧侣静修之用，第四面入口处设门廊。精舍和支提窟常相邻并存，如阿旃陀的石窟群。

印度的佛教建筑随佛教传入中国，对中国的石窟艺术有一定影响。

印度教建筑

10世纪起，印度各地普遍建造印度教庙宇。形制参照农村的公共集会建筑和佛教的支提窟，用石材建造，采用梁柱和叠涩结构。其外形从台基到塔顶连成一个整体，满布雕刻。建筑形式各地不同：北部的寺院体量不大，有一间神堂和一间门厅，门厅部分檐口水平挑出，上为密檐式方锥屋顶，最上端为一扁球形宝顶。神堂上面是一个方锥形高塔，塔身密布凸棱，塔顶也是扁球形宝顶。神堂里通常为一间圣殿，四

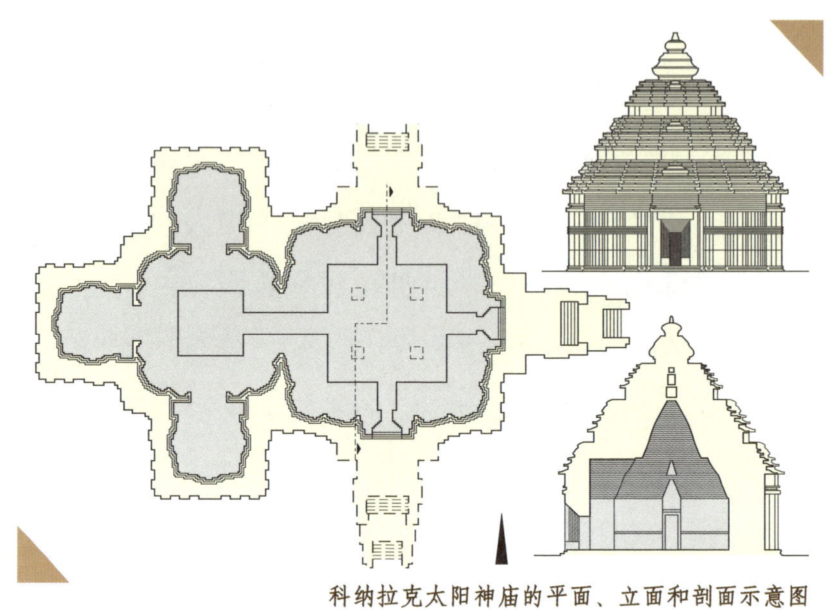

科纳拉克太阳神庙的平面、立面和剖面示意图

面开门。最杰出的实例是科纳拉克太阳神庙。南部寺院规模庞大，通常以神堂作为主体，还有僧舍、旅驿、浴室、马厩等；周围设长方形围墙。神堂及每边围墙中央的大门顶上都有高耸的方锥形塔，虽满布雕刻，但仍保持单纯几何形体的轮廓。典型例子是马杜赖大寺。中部寺庙的四周有一圈柱廊，内为僧舍或圣物库。院子中央宽大的台基正中是一间举行宗教仪式的柱厅，它的两侧和前方，对称地簇拥着几个神堂。神堂平面为放射多角形。神堂上的塔不高，彼此独立，塔身轮廓柔和。一圈出挑很大的檐口把几座独立的神堂和柱厅联为一体。

耆那教建筑

耆那教是印度古老的宗教，主要于公元 1000 ～ 1300 年在北方各地兴建寺庙，其形制与印度教庙宇差别不大。主要特征是有一个十字形平面的柱厅，柱子和柱头上长长的斜撑支承着八角或圆形的藻井。藻井精雕细琢，极其华丽。

伊斯兰教建筑

信仰伊斯兰教的莫卧儿帝国统治印度时，各地建造了大量清真寺、陵墓、经学院和城堡。这些建筑的形制虽受中亚、波斯的影响，但已具有独立特点。穹顶技术有很大进步，清真寺、陵墓多以大穹顶为中心形成集中式构图，四角由体形相似的小穹顶衬托。立面设带尖券的龛。墙体多用紫赭色砂石和白色大理石装饰，同时广泛使用大面积的大理石雕屏和窗花。这类建筑轮廓饱满，色彩明朗，装饰华丽。泰姬陵为印度伊斯兰建筑的代表作品。

泰姬陵

莫卧儿王朝皇帝沙贾汗为爱妃穆姆塔兹·玛哈尔建造的墓。沙贾汗死后也葬于此。位于印度北方邦阿格拉城外，建于 1632 ～ 1654 年，为印度伊斯兰建筑的代表作。

陵墓坐落在一个宽 304 米、长约 580 米的长方形花园中，外有围墙。水面、带铺石的道路和行道树沿主轴延伸至尽头，白色大理石的陵墓就位于北端 10 米高的石台基上。台基四角各有一座高 40 米的光塔。白色大理石的陵墓和两旁赭红色砂石建筑物之间以长方形水池相隔。陵墓背后由杰姆尼河衬托，整体呈现出肃穆明快的气氛。

陵墓主体八角形，由正方形抹去四角而成。对称的四面设巨大的拱门，其间设小拱门计 24 个。中央复合式穹顶立在一个不高的鼓座上。主殿顶部为 70 多米高的双壳穹顶。四角各有一座形状相似的小穹顶作为陪衬。陵墓内部中心是一个八角形的厅堂，周围还有 4 间小室。光线透过大理石雕花格窗洒落下来，气氛幽谧宁静。中央墓室石棺周围由雕刻精细的大理石屏风围绕。

动用了 2 万多工匠，历时 20 多年完成的泰姬陵被誉为“印度的明珠”。在建筑上它已被公认为成功的范例：高大宽阔的台基使整体稳定、舒展；建筑体量简洁明快，主从关系明确清晰；穹顶和尖塔既增强了向上的动势，又极大地丰富了群体的廓线；大小凹廊层次丰富，虚实相衬；陵寝比例谐和，尺度合宜。无论是在璀璨的阳光下，还是在皎洁的月色里，它都能给人留下深刻的印象。

泰姬陵